Nambari Na Hesabu

A Swahili Count and Colour Book

African Child Press

Printed in the United States of America.
First Printing, 2021 © Lingua Franca Press (Imprint of African Child Press)
ISBN - 978-0-9853380-2-2
Library of Congress Cataloging-in-Publication Data.

Tausi

Moja

Watoto

Mbili

Simba Tatu

Farasi **Nne**

Punda milia

Tano

Gari

Sita

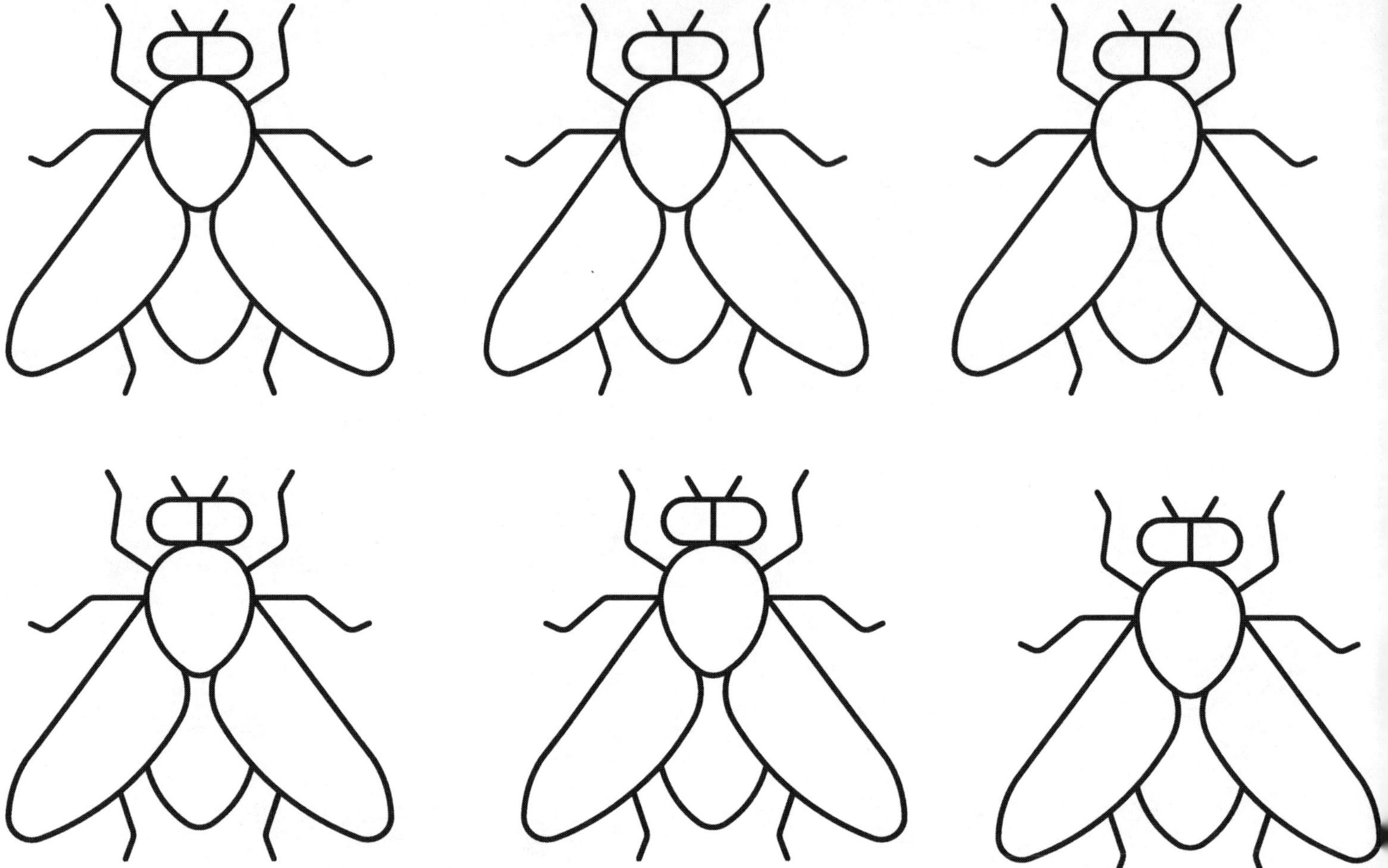

Inzi

Saba

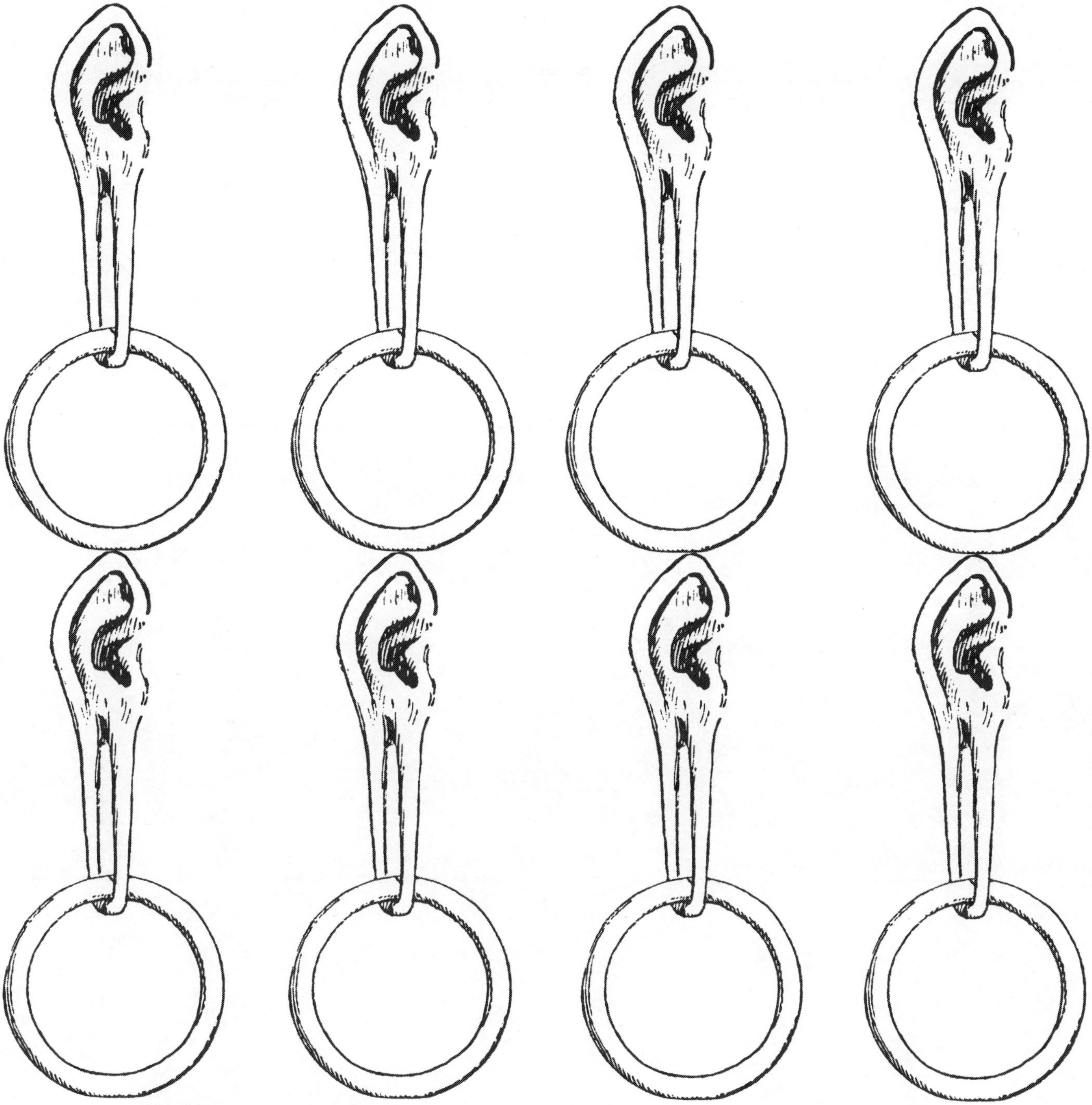

Hereni

Nane

Mananasi

Tisa

NOTES
NOTES
NOTES
NOTES
NOTES
NOTES
NOTES
NOTES

Vitabu

NOTES
NOTES

Kumi

Nyani

Kumi na moja

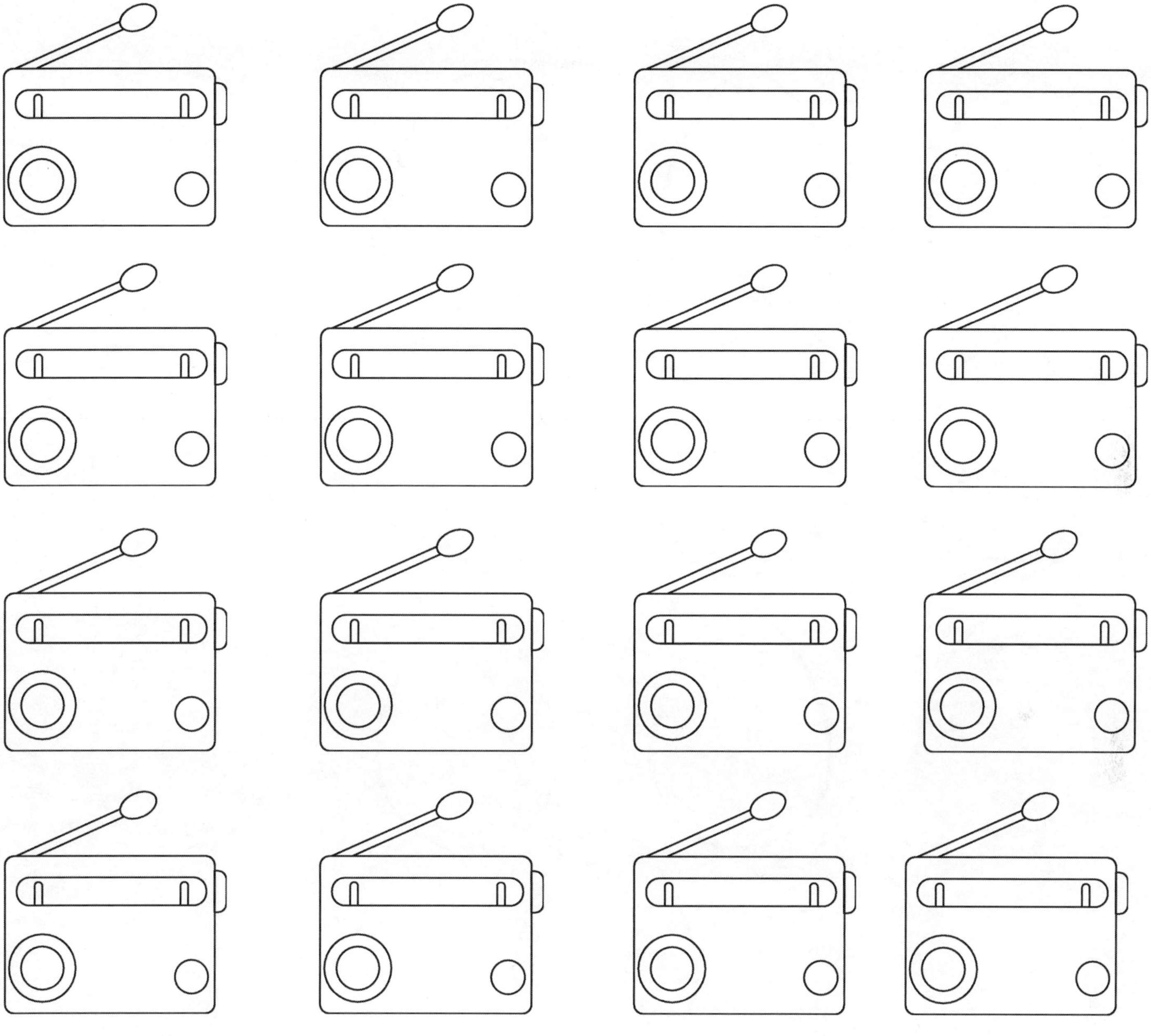

Redio

Kumi na mbili

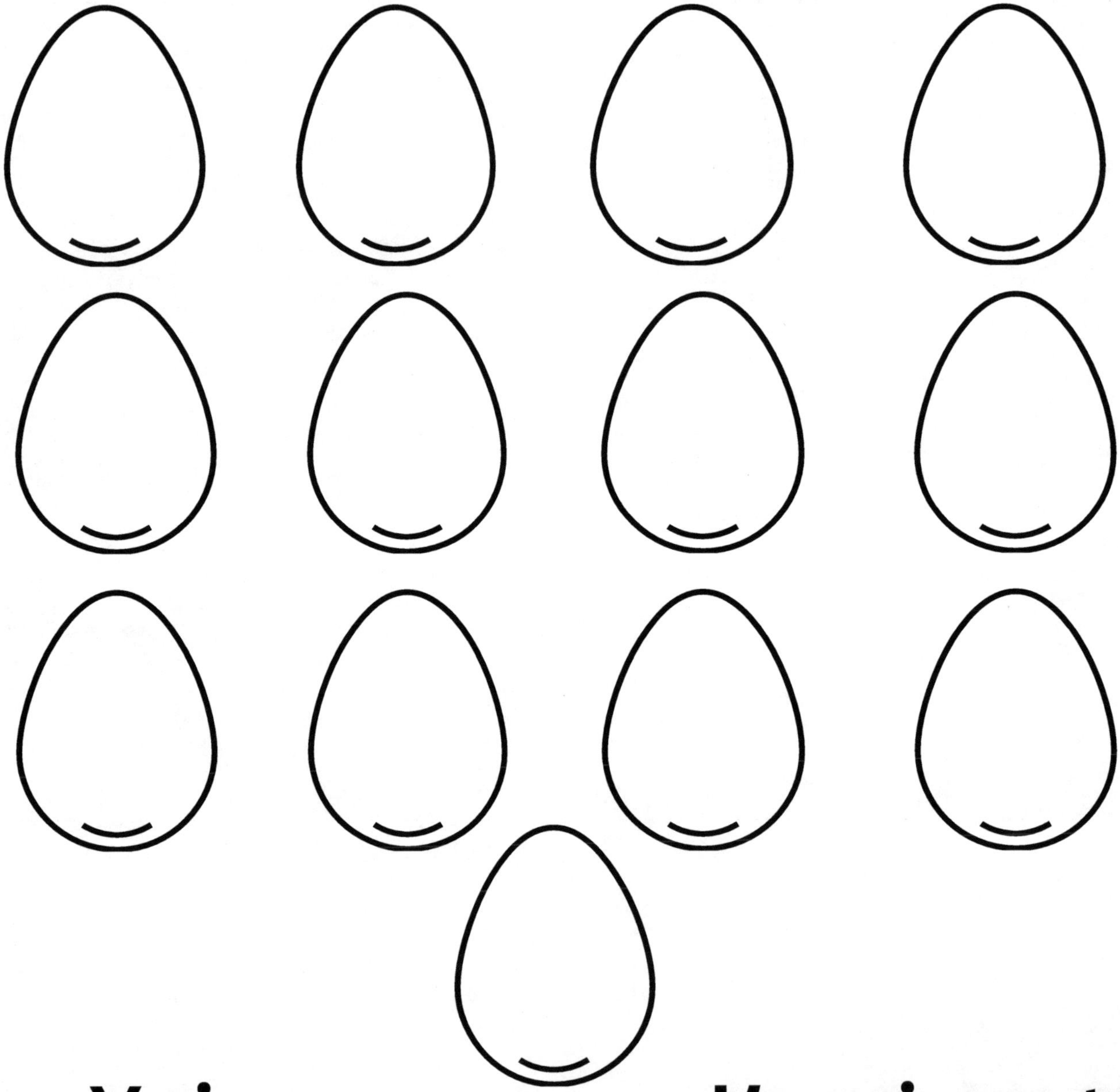

Yai

Kumi na tatu

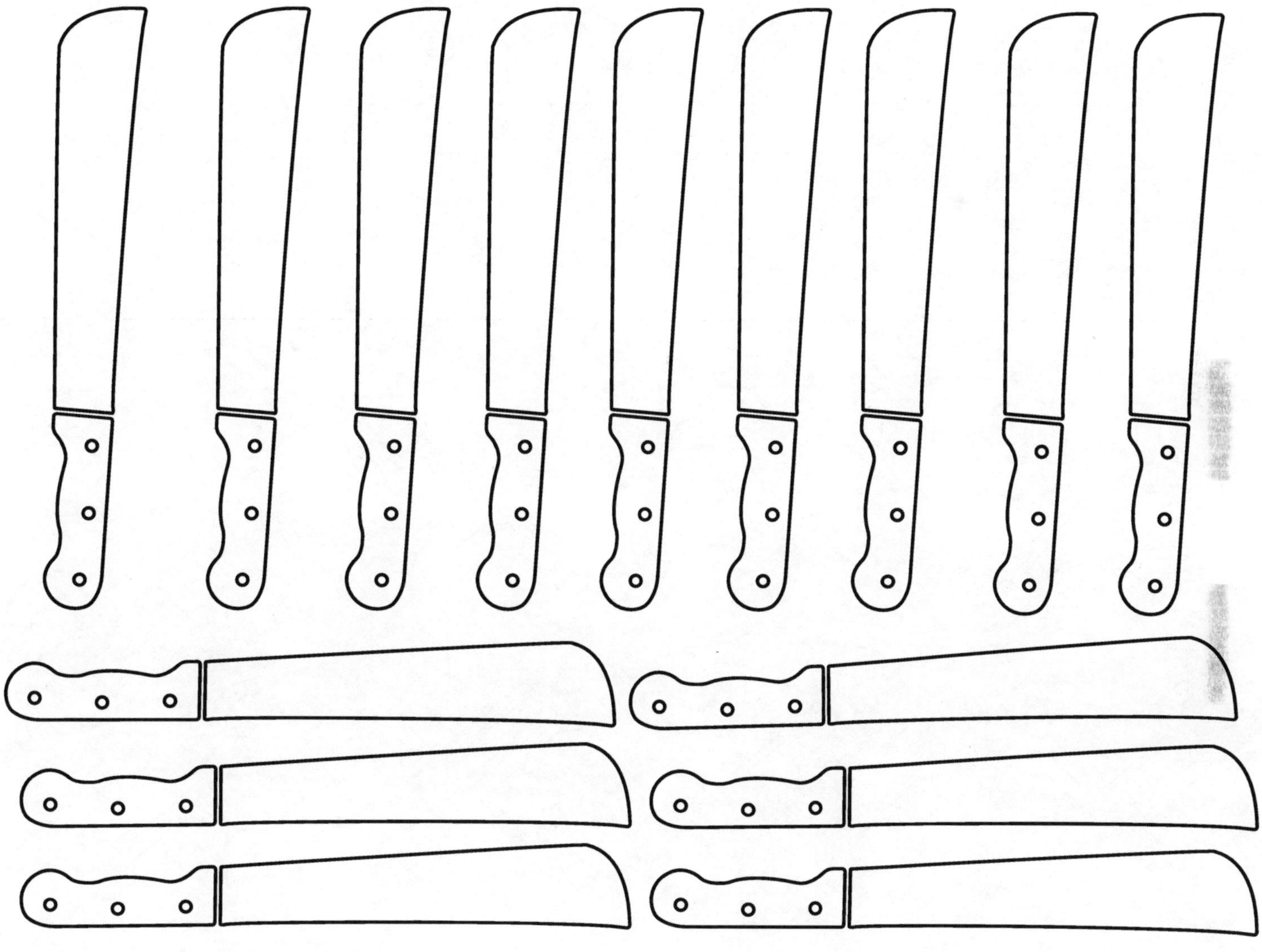

Upanga Kumi na nne

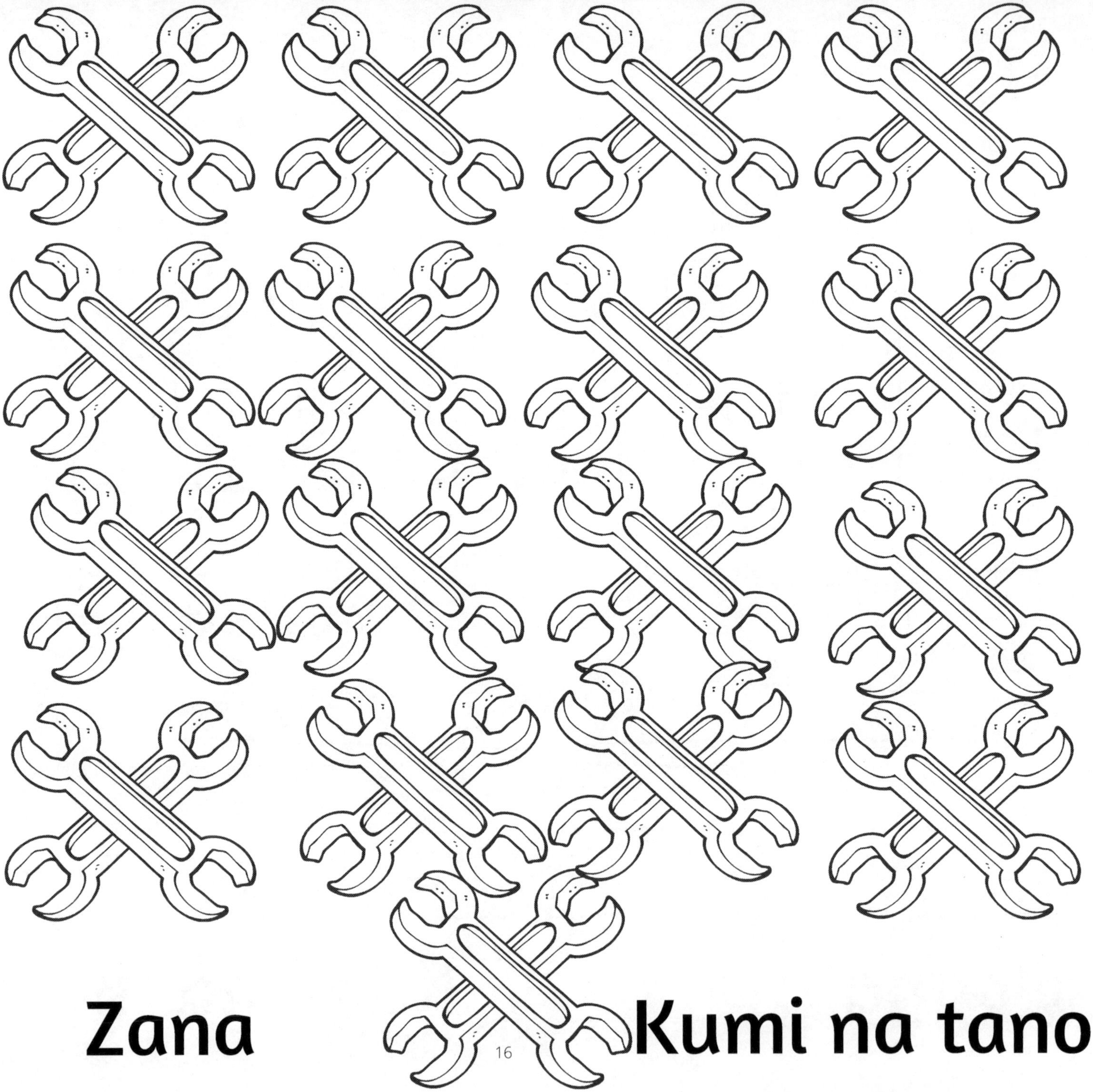

Zana

Kumi na tano

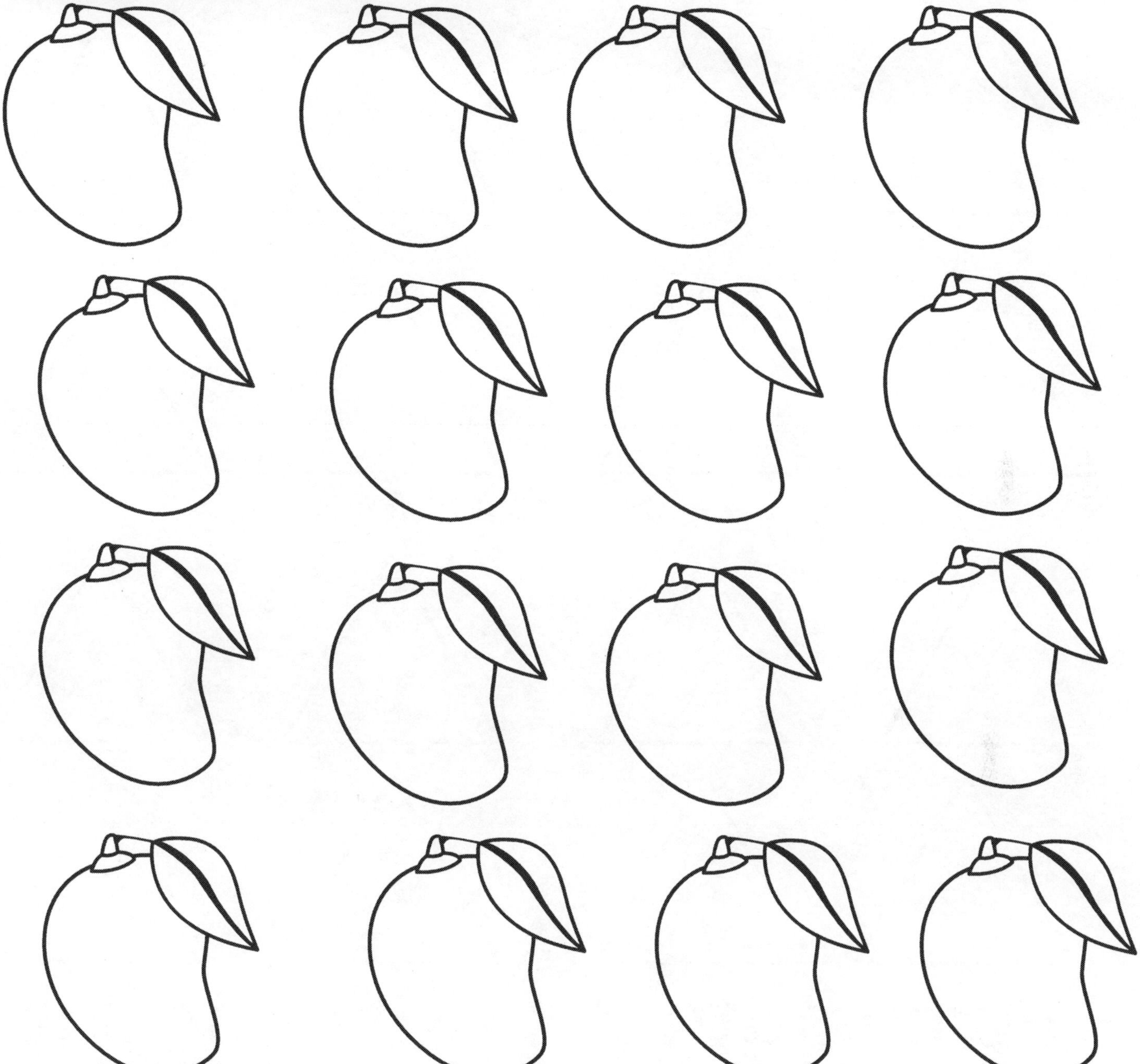

Embe

Kumi na sita

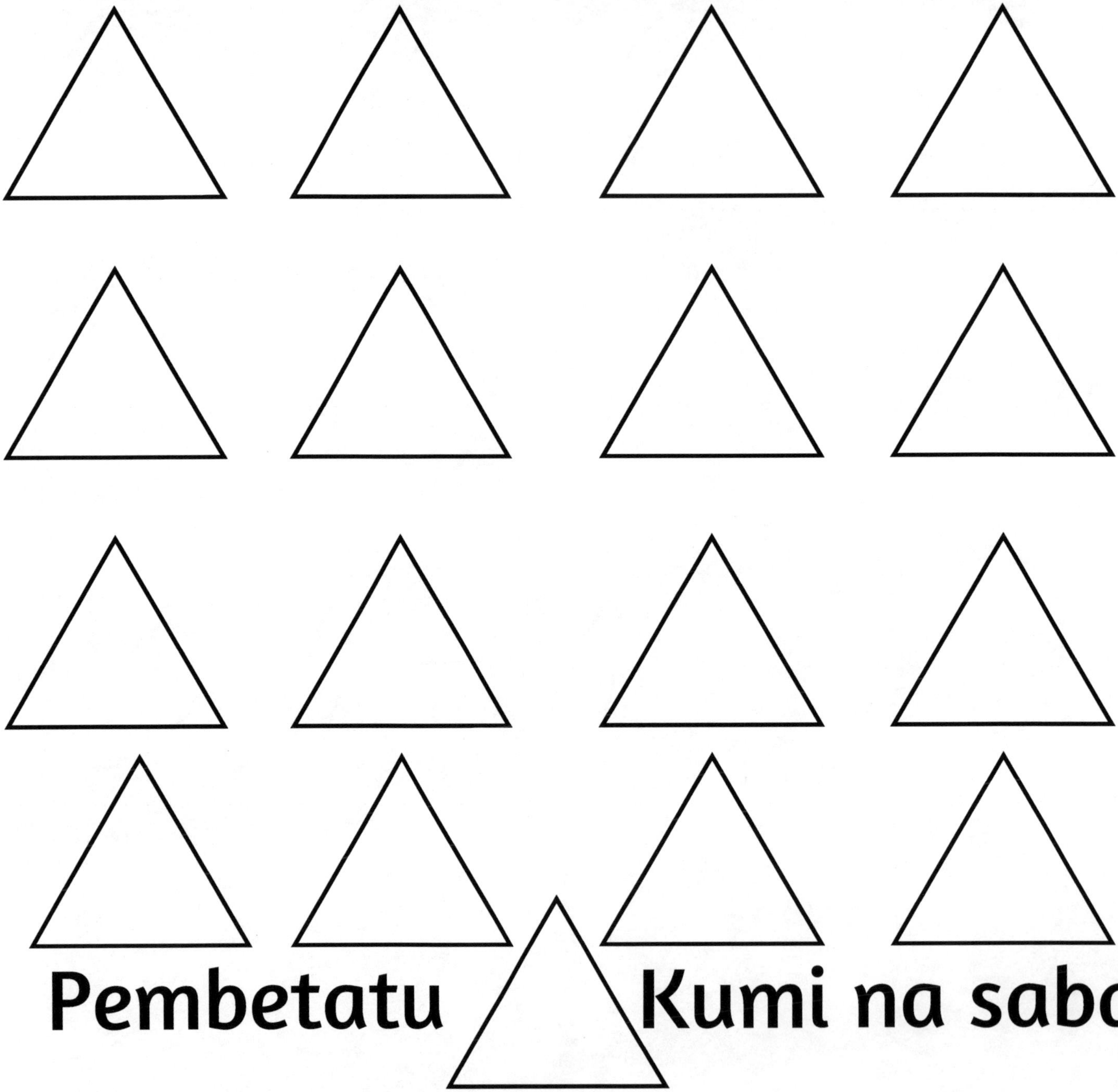

Pembetatu Kumi na saba

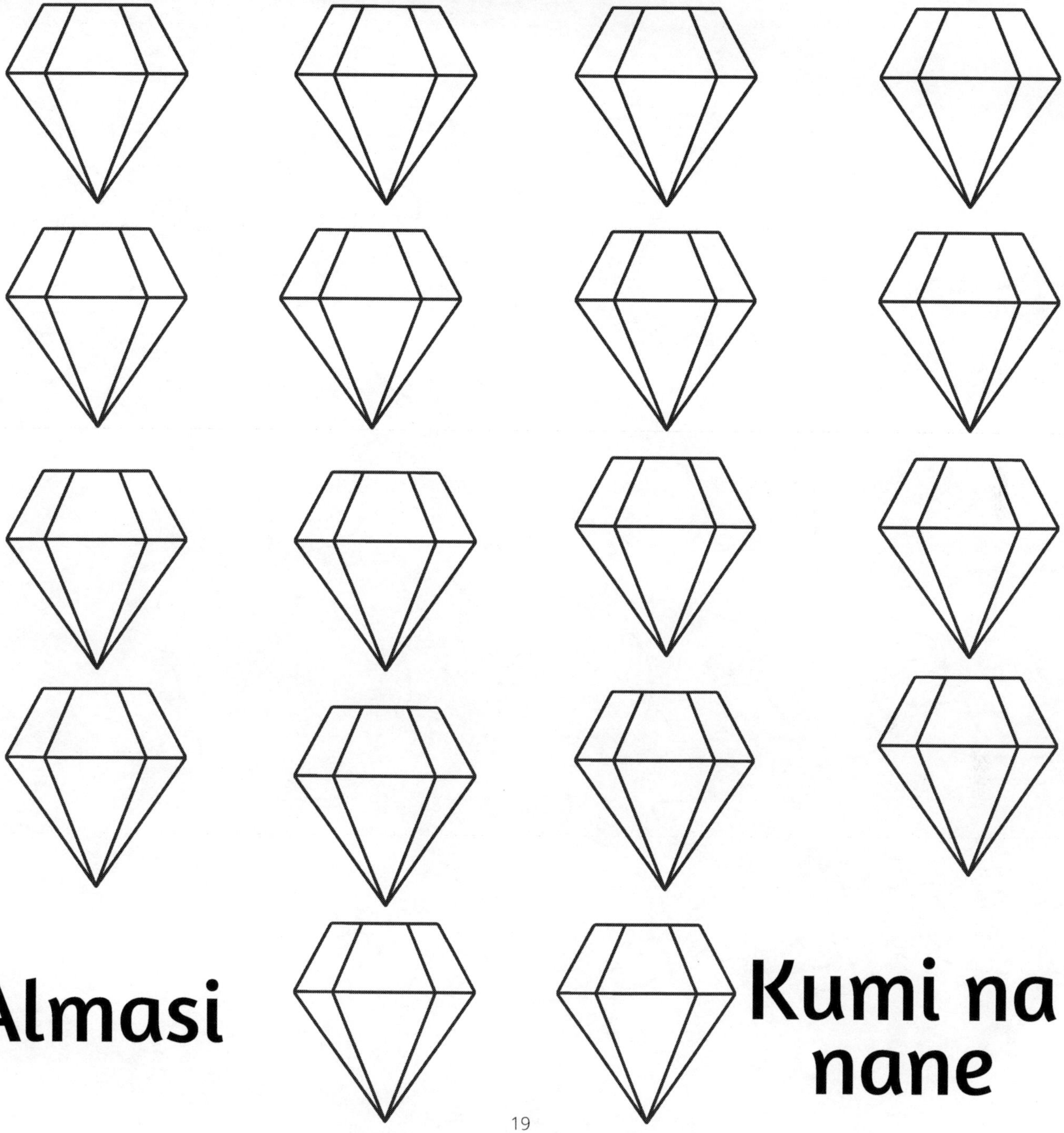

Almasi

Kumi na nane

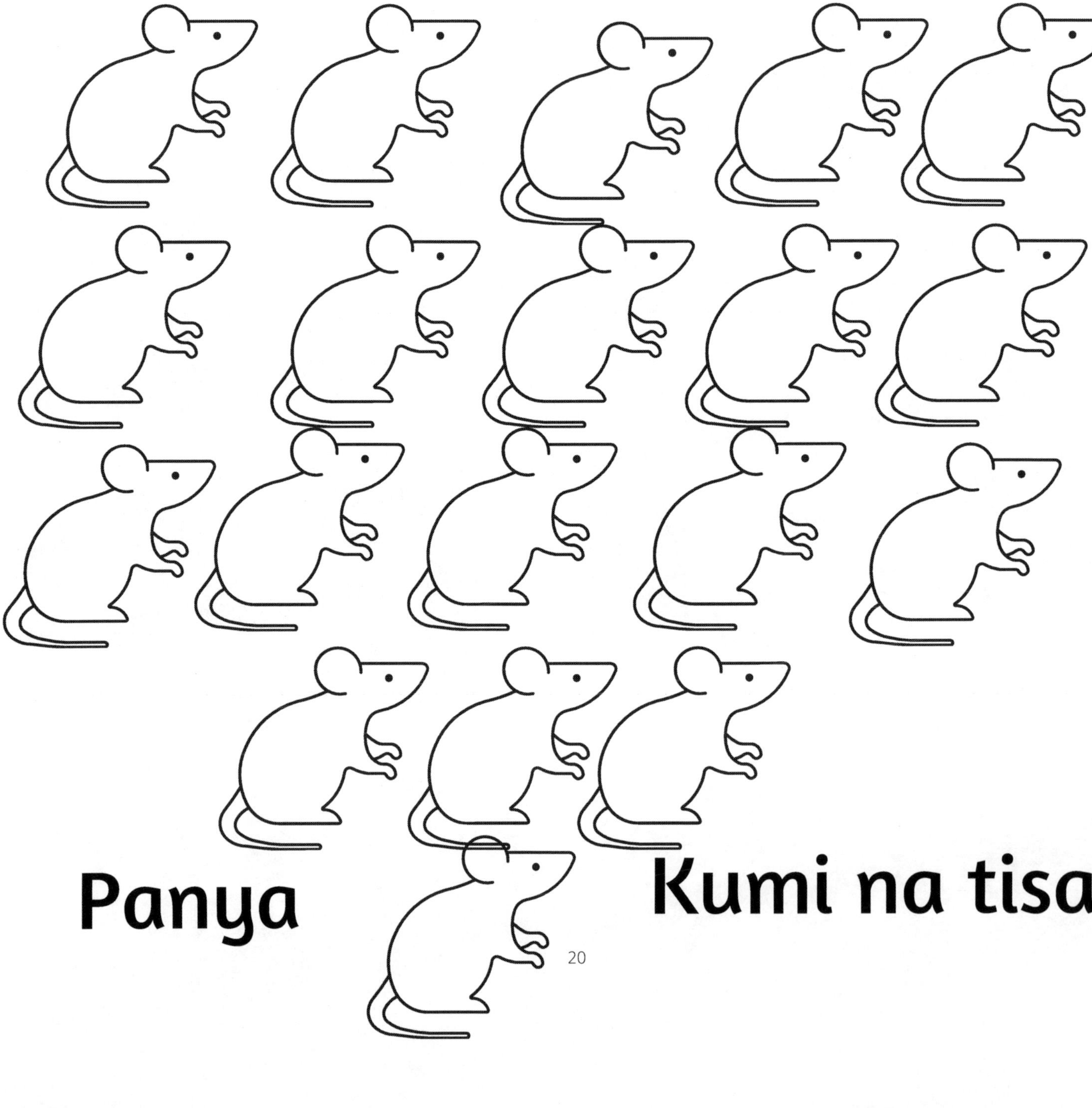

Panya

Kumi na tisa

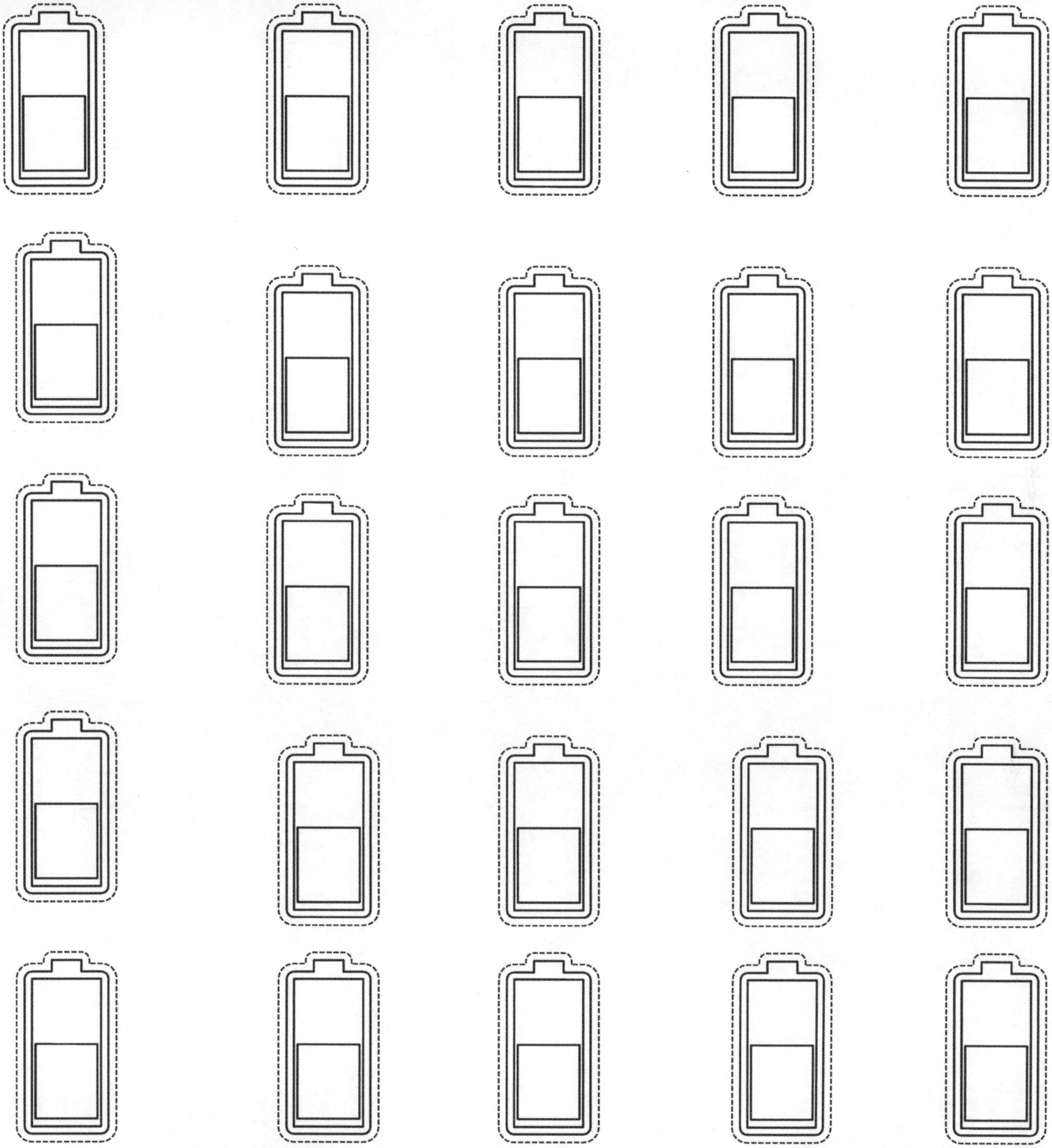

Betri

Ishirini

Kiboko

Thelathini

Limau Arobaini

Ndizi

Hamsini

Mduara

Mia moja

+

= ______________

+

= ______

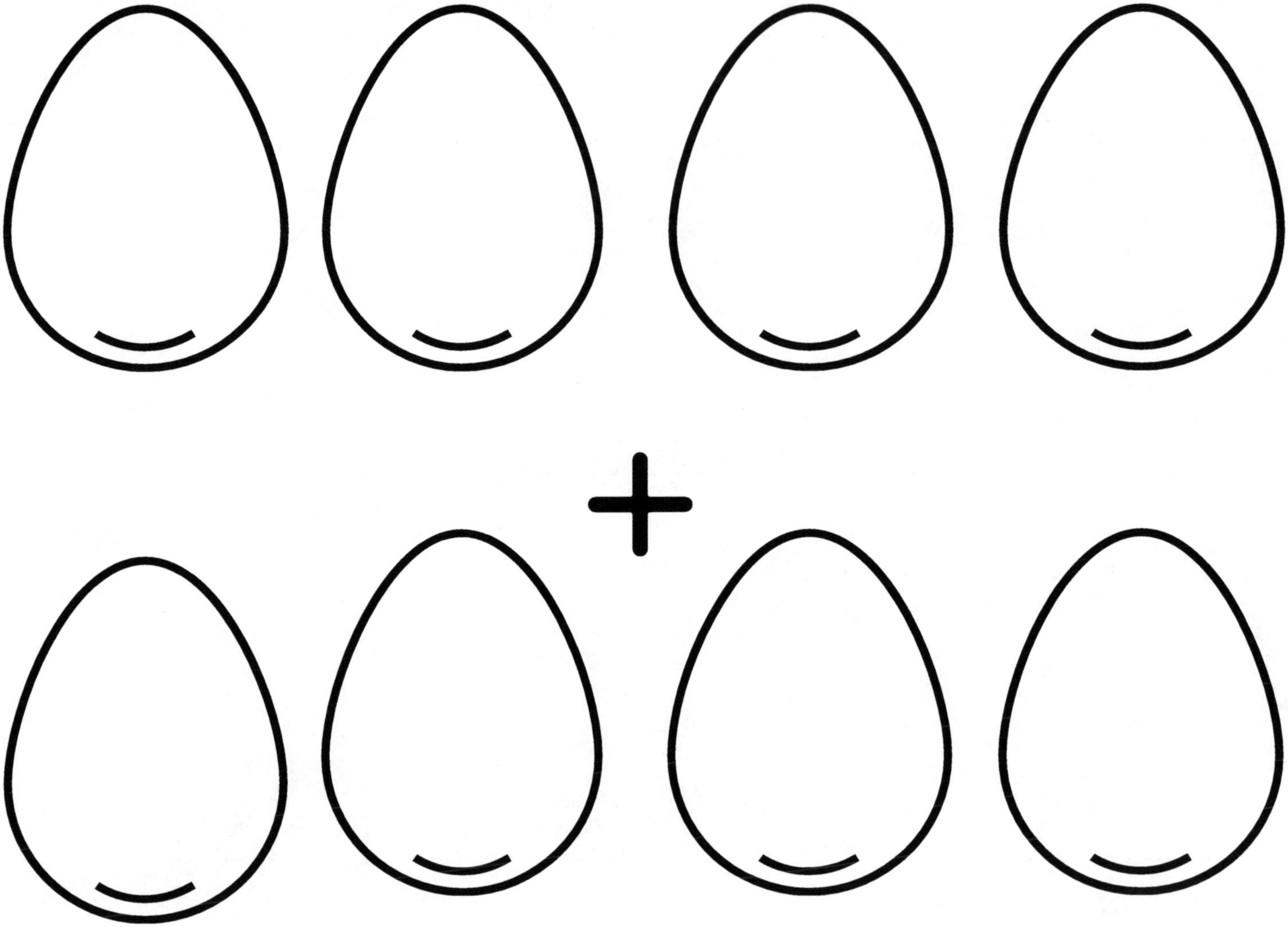

= ______________

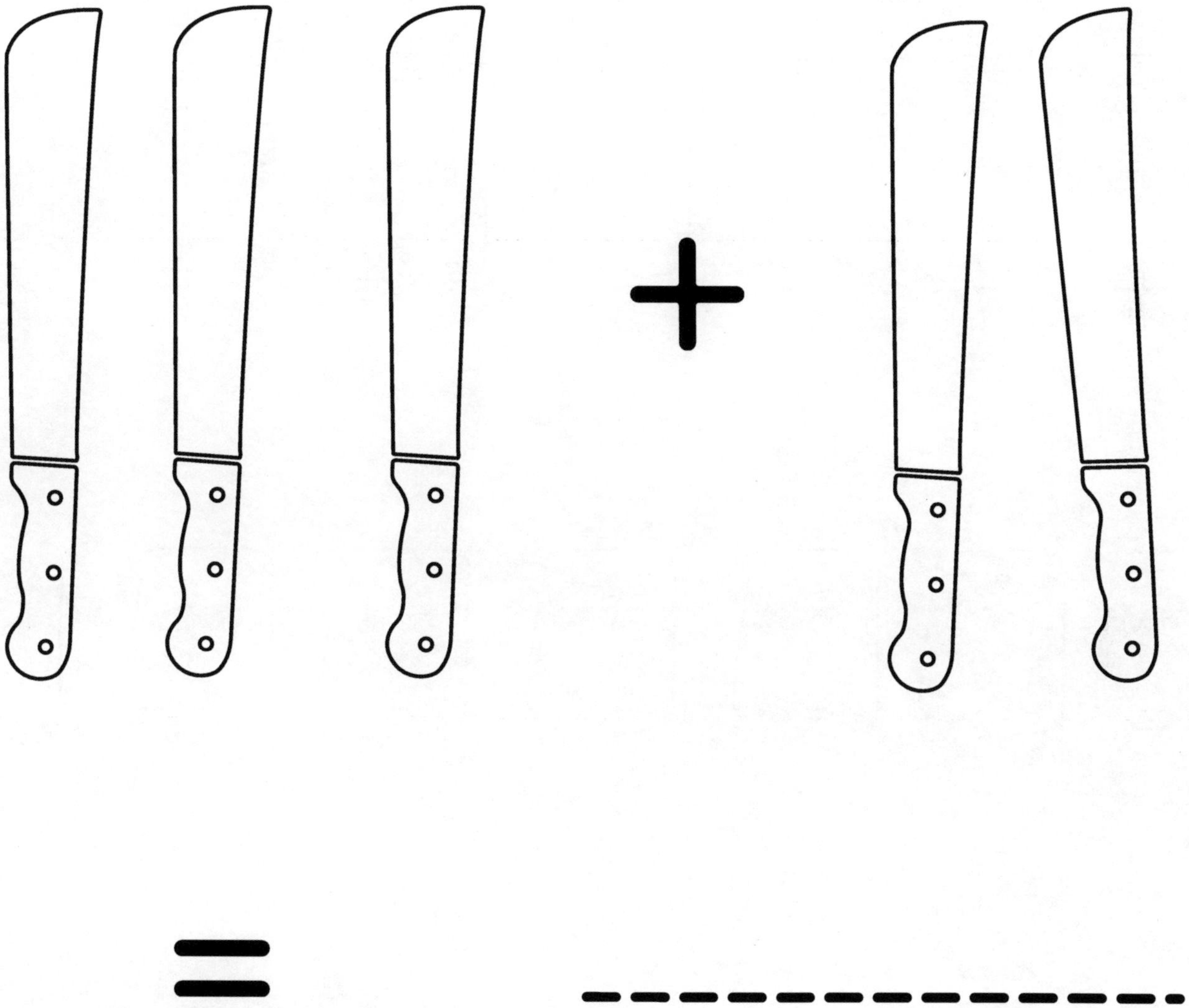

NOTES
NOTES
NOTES
NOTES
NOTES
NOTES
NOTES
NOTES
NOTES
NOTES
NOTES
NOTES
NOTES
NOTES

+

NOTES
NOTES
NOTES
NOTES
NOTES
NOTES
NOTES

= ____________

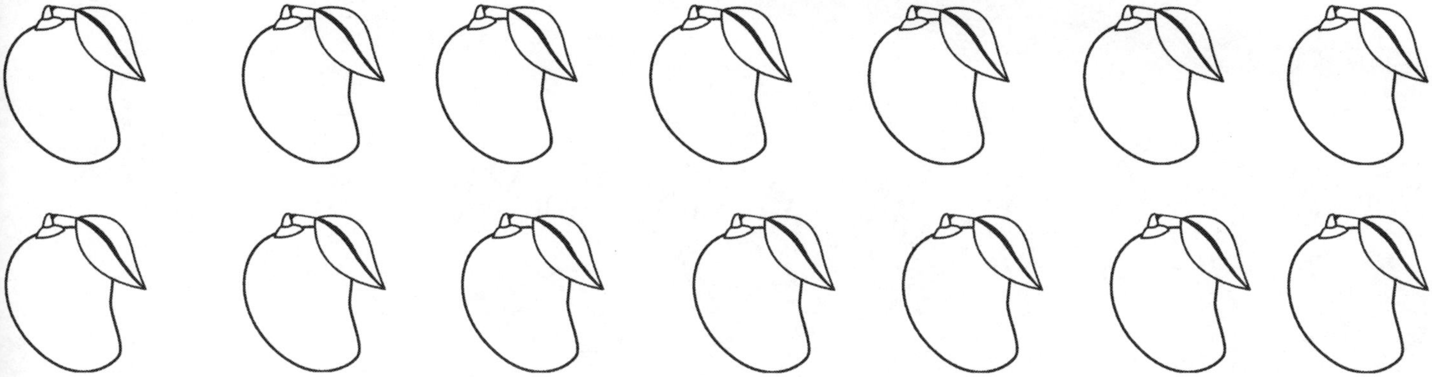

+

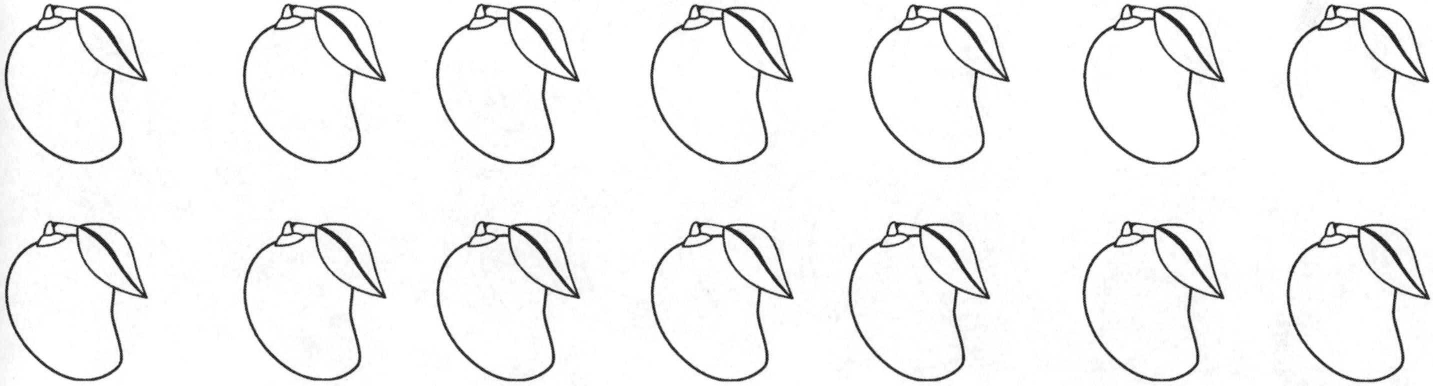

= ______________

+

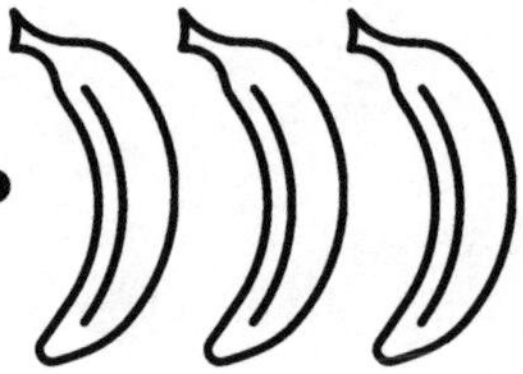

= ______________

Made in the USA
Monee, IL
04 November 2026

67387876R00021